BEI GRIN MACHT SICH IHR WISSEN BEZAHLT

- Wir veröffentlichen Ihre Hausarbeit, Bachelor- und Masterarbeit

- Ihr eigenes eBook und Buch - weltweit in allen wichtigen Shops

- Verdienen Sie an jedem Verkauf

Jetzt bei www.GRIN.com hochladen und kostenlos publizieren

Bibliografische Information der Deutschen Nationalbibliothek:

Die Deutsche Bibliothek verzeichnet diese Publikation in der Deutschen National-bibliografie; detaillierte bibliografische Daten sind im Internet über http://dnb.d-nb.de/ abrufbar.

Impressum:

Copyright © 2017 GRIN Verlag
Druck und Bindung: Books on Demand GmbH, Norderstedt Germany
ISBN: 9783668745308

Dieses Buch bei GRIN:

https://www.grin.com/document/428807

Ivan Kurtovic

Business Intelligence Konzept. IT-Infrastruktur, Data Warehouse Architektur und BI-Frontend

GRIN Verlag

GRIN - Your knowledge has value

Der GRIN Verlag publiziert seit 1998 wissenschaftliche Arbeiten von Studenten, Hochschullehrern und anderen Akademikern als eBook und gedrucktes Buch. Die Verlagswebsite www.grin.com ist die ideale Plattform zur Veröffentlichung von Hausarbeiten, Abschlussarbeiten, wissenschaftlichen Aufsätzen, Dissertationen und Fachbüchern.

Besuchen Sie uns im Internet:

http://www.grin.com/

http://www.facebook.com/grincom

http://www.twitter.com/grin_com

BUSINESS INTELLIGENCE

Hausarbeit

Im Auftrag von:

Der Hochschule der Medien

Modul:

Business Intelligence

Wintersemester 2016/2017

Wirtschaftsinformatik

Master of Science

Thema:

Hausarbeit

Business Intelligence Konzept

Autor:

Ivan Kurtovic

Inhaltsverzeichnis

Abbildungsverzeichnis

1. Einleitung

Im dieser Arbeit wird ein potenzielles Implementierungskonzept für den Einsatz von Business Intelligence beschrieben. In das Konzept fließen die in der Vorlesung erlernten Methoden und Tools mit ein. Im Rahmen der Business Intelligence Vorlesung wurden die Studenten in die Konzepte des Business Intelligence eingeführt. Es wurden Ansätze, Methoden und Werkzeuge der Unternehmens-, Kunden- und Wettbewerbsdatenanalyse vorgestellt sowie die Integration in das unternehmensweite Informations- und Wissensmanagement besprochen. In Fallbeispielen wurden die Methoden und Werkzeuges von BI angewendet (vgl. Hochschule der Medien 2016).

Diese Arbeit geht unter anderem der Frage nach, wie Business Intelligence helfen kann Entscheidungsprozesse in einem Unternehmen zu verbessern. Im Fokus des Business Intelligence-Konzept ist das Unternehmen Stars Cars AG aus Stuttgart welches in der Automobilbranche tätig ist. Stars Cars AG will in der Zukunft BI-Strategien und Methoden einsetzten um wettbewerbsfähig zu bleiben. Die gegenwärtige IT-Infrastruktur des Unternehmens befindet sich in der Cloud und muss dringend erneuert werden. Im Unternehmen und am Arbeitsplatz wird überwiegend mit Microsoft Produkten gearbeitet. Im Verlauf dieser Ausarbeitung wird aufgezeigt, was die Probleme des Unternehmens sind, wie eine mögliche Data-Warehouse-Architektur aussehen kann, welches BI-Frontend verwendet werden sollten und warum das empfohlene BI-Konzept am geeignetsten für das Unternehmen ist.

Das Business Intelligence-Konzept besteht aus mehreren Schritten welche inhaltlich aufeinander aufbauen. Im ersten Schritt werden die Rahmenbedingungen sowie die Problemstellung beschrieben. Der erste Schritt kann als eine IST-Analyse des Unternehmens verstanden werden. Im zweiten Schritt folgt die Soll-Konzeption welche potenzielle Lösungsansätze im Bezug zum BI-Konzept beinhaltet. Konkret wird im zweiten Schritt der Frage nachgegangen welche Data-Warehouse-Architektur bzw. welches BI-Frontend soll verwendet werden.

Die eben beschriebenen Fragestellungen werden in den nachfolgenden Kapiteln im Detail beschrieben.

2. Rahmendbedingungen-Unternehmensprofil

Das fiktive Unternehmen Stars Cars AG ist in der Automobilbranche tätig und ist deutschlandweit mit 30 Niederlassungen vertreten. Stars Cars AG ist börsennotiert und ist finanziell solide aufgestellt. Das Unternehmen gibt es erst seit drei Jahren. In der nachfolgenden Tabelle sind alle wesentlichen Punkte beschrieben welche das Unternehmen „Stars Cars AG" tangieren.

Kurzbeschreibung	Stars Cars AG
Gründer	Albert Schweitzer und David Kornblum
Gründungsjahr	2015 in Deutschland (Stuttgart)
Branche	Automobilbranche
Niederlassungen	Augsburg, Berlin, Bonn, Dortmund, Dresden, Düsseldorf, Freiburg, Frankfurt, Konstanz, Köln, München, Leipzig, Stuttgart, Wuppertal etc.
Infrastruktur	Jede Niederlassung ist verkehrstechnisch gut angebunden. Außerdem sind in der Nähe der Niederlassungen öffentliche Verkehrsmittel (Bahn, Bus).
Anzahl der unterschiedliche Speisen	110
Mitarbeiterrollen	Mechatroniker, Abteilungsleiter, Bereichsleiter, Geschäftsführer, Sekretärin, Industriemechaniker etc.
Mitarbeiteranzahl	1600
Durchschnittsalter	37

Marketingdaten	
Kommunikationskanäle	Online-Werbung(Twitter, Instagram, Facebook Advertising, Google Advertising), Print Werbung (Flyer, Zeitung, Plakat etc.), Rabattauktionen
Produkt	Kurbelwellen, Nockenwelle, Bremssysteme, Elektromotoren (Made in Germany)
Distribution	E-Commerce-Plattformen(B2C und B2B), Handelsvertreter, Kalt-Akquise
Preisstrategie	Qualitätsführerstrategie

Technische Daten	
Cloud Infrastruktur auf Basis von Microsoft Azure:	Website – Joomla, Office 365, Microsoft CRM Microsoft Dynamics NAV 2015
IT-Administration und Entwicklung	Externes IT-Systemhaus Novatis

Finanzielle Daten	
Gesamtumsatz	70,4 Mio. Euro
Umsatzwachstum	67%
BI-Projektbudget	1,1 Mio. Euro

3. Problemstellung

Die deutschlandweiten Niederlassungen der Stars Cars AG erwirtschaften unterschiedliche Umsätze und Gewinne in Abhängigkeit von Ort, Zeit und Produktgruppe. Außerdem werden täglich im operativen Geschäft zahlreiche wichtige Unternehmensdaten generiert. Fehlende Data-Warehouse und Business-Intelligence-Lösung führen dazu, dass das Management den Überblick behalten kann. Momentan können nur die Facebook-Likes und Twitter-Aktivitäten von Usern mit Google Analytics analysiert werden. Eine gesamtheitliche Auswertung der Daten ist momentan nicht möglich.

Weitere Probleme mit welchen die Stars Cars AG konfrontiert ist sind:

- Keine Analyse bzw. Prognose des Nutzerverhaltens möglich.

- Keine Intelligente Kaufempfehlung für Kunden möglich.

- Keine Analyse der Rücksendegründe bzw. Quote möglich.

- Keine Analyse des Lagerbestandes und der Warenströme möglich

- Keine tiefgreifende Analyse der verkauften Produkte

- Keine tiefgreifende Analyse des After-Sales-Prozesses

4. Zielsetzung

Die Stars Cars AG hat es sich zum Ziel gesetzt eine Business-Intelligence-Infrastruktur auf Basis von Microsoft Azur in ihrem Unternehmen zu implementieren. Das Ziel der Business-Intelligence-Infrastruktur ist es die Unternehmensdaten (Stammdaten, Bewegungsdaten etc.) für das Management in Form von Reports lesbar zu machen. Aus den generierten Daten sollen mithilfe von Data-Mining Schlussfolgerung bzw. zukünftige Trends abgeleitet werden welche es dem Unternehmen erlauben schnell zu reagieren.

Weitere Ziele von Stars Cars AG sind:

- Stars Cars AG will in der Zukunft global expandieren und weitere Niederlassungen errichten.

- Stars Cars AG will aus seinen Unternehmensdaten Wissen bzw. Informationen generieren.

- Stars Cars AG will die Zufriedenheit bei seinen Kunden etc. erhöhen.

- Stars Cars AG will die betriebliche sowie personelle Auslastung an seinen Niederlassungen optimieren.

- Stars Cars AG will die gesamte Produktivität und die Qualität erhöhen.

- Stars Cars AG will Customer Relationship Management mit Business Intelligence verknüpfen.

- Stars Cars AG will eine Datengestützte Auswertung von Erlösen, Umsätzen, Kosten etc. in Abhängigkeit von Niederlassung, Zeit, Produkt etc.

5. Vorgehen

5.1 IT-Infrastruktur

Wie bereits in dem Kapitel „Rahmenbedingen" erwähnt setzt Stars Cars AG auf die Cloudservices von Microsoft Plattform Azure. Aus diesem Grund liegt es nahe, die Business Intelligenz Tools und Lösungen von Microsoft zu nutzen. Der Hauptgrund für diese Entscheidung ist dass man die Schnittstellen zu anderen Microsoftdiensten einfacher implementieren kann. Auf der nachfolgenden Abbildung ist die gegenwärtige IT-Infrastruktur abgebildet.

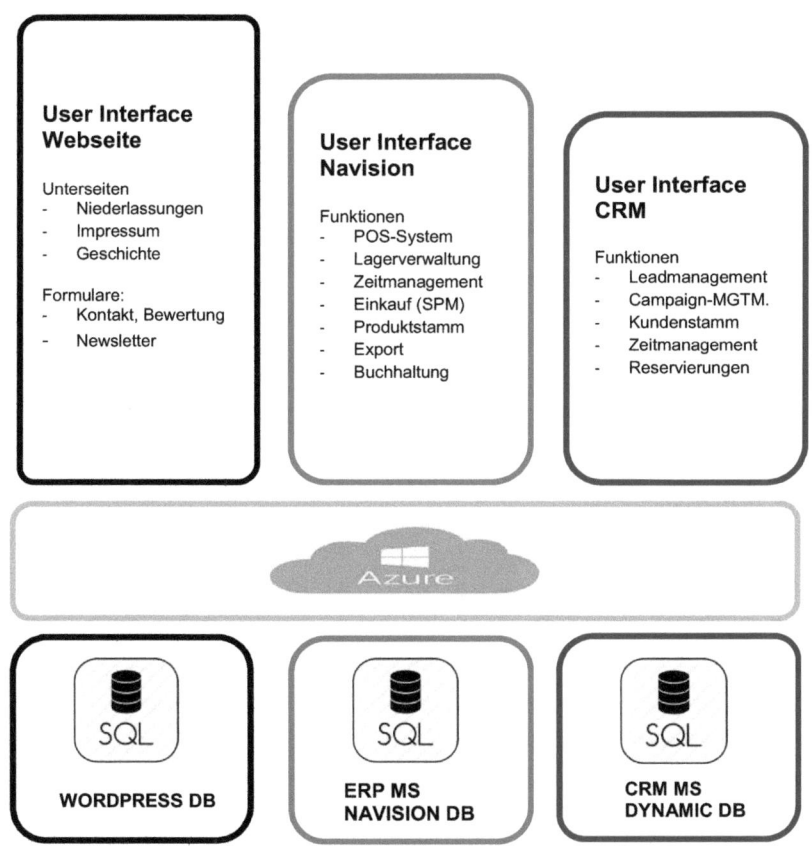

Abbildung 1: IT-Infrastruktur (Eigene Darstellung)

Außerdem werden die nachfolgenden Lösungen auch benutzt:

- **Google Analytics**

- **Windows Workstations mit Office365**

5.2 Business Intelligence – Projekt

Das Ziel des BI-Projektes ist es das gesamten Management mit vorgefertigte Reports und BI-Frontend Tools zu versorgen. Die Niederlassungsleiter können so die gesamten Unternehmensdaten je nach Kriterium analysieren. Dem Management werden Unternehmensdaten zur Verfügung gestellt welche alle Niederlassungen betreffen. Der fertige Gesamtreport enthält alle relevanten Key-Figures und Dimensionen des Unternehmens etc. auf einem Blick.

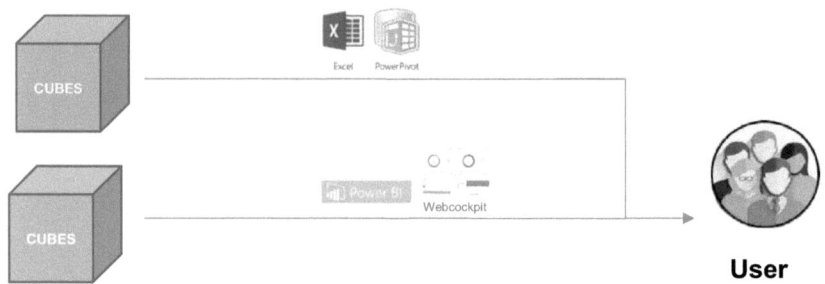

Abbildung 2: Analysetools (eigene Darstellung)

Während des BI-Projektes wurden in Abhängigkeit zu den Anforderungen verschiedene Data-Cubes modelliert bzw. angelegt. Data-Cubes ermöglichen es bestimmten Daten, mehrdimensional zu analysieren. Data-Cubes beinhalten hochverdichtete Daten über ein bestimmten Unternehmensbereich. Der User kann mit Hilfe von BI-Frontend-Tools auf die Data-Cubes zugreifen. In unserem BI-Projekt können die User mit Hilfe der BI-Tools Power BI und Excel Power Pivot die Daten aus den Cubes mittels Queries abfragen.

5.3 Data Warehouse– Architektur (Hub-and-Spoke)

Das Soll-Konzept der IT-Infrastruktur von Stars Cars AG basiert auf dem Hub-and-Spoke Ansatz. Der Aufbau eines Data-Warehouses kann entweder zentral oder dezentral erfolgen. Ein zentrales Data-Warehouse enthält eine von den operativen Systemen isolierte physische Datenbasis (Abts & Mülder 2009:76). Ein Data Mart ist demgegenüber ein themenspezifisches Data-Warehouse. Die IT-Infrastruktur wird beim Hub-and-Spoke-Ansatz hingegen logisch und physisch auf mehrere Datawarehouse-Systeme verteilt. Zudem wird nicht die Zentralität der Daten bei diesem Ansatz aufgegeben (Bachmann 2011:92ff). Die Vorteile Hub-and-Spoke-Ansatzes sind das man für das Data-Warehouse kein unternehmensweites Datenmodell benötigt (vgl. Abts & Mülder 2009:77).

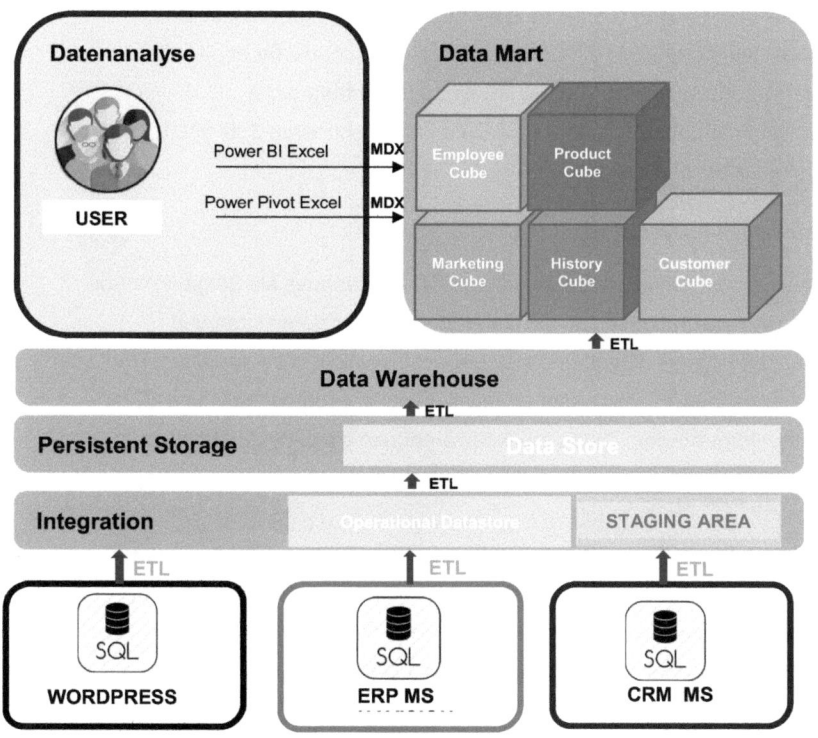

Abbildung 3: Soll-IT-Infrastruktur (eigene Darstellung)

Quellsysteme ERP, CRM, Wordpress (Layer 1)

Aus den Quellsystemen ERP, CRM, Homepage werden die Unternehmensdaten täglich extrahiert, transformiert und ins Data-Warehouse geladen. Diese stammen vor allem aus den ERP und CRM-Systemen und weiteren Quellsystemen.

- Die Navision MSSQL-Datenbank (ERP)
- Die Dynamics MSSQL-Datenbank (CRM)
- Google Analytics (Log Daten, Statistiken)

Integration Staging Area, ODS (Layer 2)

Die Integrationsschicht (ODS und Staging Area) hat die Aufgabe die unterschiedlichen Daten aus den Quellsystemen in ein einheitliches Datenformat umzuwandeln. Dies ist für die weiteren Extraktions, Transformations und Ladeprozess in die anderen Schichten wichtig. Die Staging Area ist wie der Operational Datastore(ODS) ein Sammelplatz für Daten, die für höhere Schichten aufbereitet werden sollen. Außerdem finden meist umfangreiche Datenqualitätsmaßnahmen statt um die Daten für die höheren Schichten aufzubereiten bzw. zu bereinigen.

Data Warehouse (Layer 3)

Die Datawarehouse-Schicht dient in einem Data-Warehouse als Single-Point-of-True. Konkret bedeutet dass das die Daten nun in einer bereinigten und transformierten Form vorliegen und sich gegenseitig nicht widersprechen. Die Daten in der Datawarehouse-Schicht können mithilfe von BI-Frontendtools und MDX-Queries abgefragt werden. Daten im Datawarehouse sind keine Echtzeitdaten.

Data Marts (Layer 4)

Um das Unternehmen Stars Cars AG und dessen Abteilungen bei der Auswertung der Daten noch mehr zu unterstützen haben wir für jede Auswertungsperspektive einen Data Cube modelliert. Die verschieden Data-Cubes sind ein kontextspezifischer Datenausschnitt aus einem Data-Warehouse und erlauben es mithilfe von BI-Tools perfomanter auf die Daten zuzugreifen. Außerdem lassen sich für jeden Data-Cube Reports und tiefgreifende Analysen durchführen.

Anwendungschicht und Reports (Layer 5)

Durch das Excel Addin Power Pivot kann sich der User einen Data-Cube als Datasource in laden und eigenständig Analysen durchführen. Ähnliche Funktionen bietet Power BI an, hinzukommen noch ansprechende Visualisierungsformen für Reports und die Exportmöglichkeiten bzw. Schnittstellen zu externen Systemen. Das Web-Cockpit in der unteren Abbildung wurde ebenfalls mit Power-BI realisiert. Das Web-Cockpit zeigt dem User ein responsives Userinterface auf dem Unternehmensdaten aus verschiedenen Perspektiven abgebildet sind. So kann der Niederlassungsleiter beispielsweise seinen monatlichen Umsatz sehen und sehen wie sich dieser zusammensetzt. Außerdem kann er sehen wie viel Mitarbeiter anwesend und wie produktiv sie arbeiten. Des Weiteren ist es möglich zu sehen wie viele Kunden an Tag Käufe bzw. Retouren in Auftrag geben. Der Nutzer kann somit ohne tiefgreifende IT-Kenntnisse je nach Berechtigung auf die Unternehmensdaten über Power-BI zugreifen.

Abbildung 4: Power-BI Userinterface

6. BI-Frontend

Wie bereits in der Data-Warehouse-Architektur aufgezeigt, wird Power-BI und Power Pivot (Excel) als BI-Frontend verwendet. Ein Grund für die Auswahl Power-BI und Power Pivot (Excel) ist die bereits bestehende Microsoft-Systemlandschaft und die günstigere Lizenzierung für weitere Microsoft-Produkten. Dadurch sollen auch Integrationsprobleme bei der Einführung der neuen BI-Lösung minimiert werden. Außerdem gibt es bereits sehr gutes Feedback mit Microsoft-Systemen. Mit anderen System-Anbietern gibt es noch keine praktischen Erfahrungen, daher wurden diese nicht in Betracht genommen. Speziell für Business Analysen bietet Power-BI und Power Pivot (Excel)umfangreiche Features für einen tiefgreifenden Einblick und Detailanalysen.

Funktionen und Features welche Power-BI und Power Pivot (Excel) uns bietet:

- Drill-Down
- Slice und Dice
- Drill-Through
- Roll-Up
- Drill-Across
- Sortierfunktion
- Datenanalyse
- OLAP
- Ad-hoc-Analysen
- Dashboards
- Reporting
- Monitoring
- Businessgrafiken
- Geoanalyse

Abbildung 5: Datenanalyse Power-BI

Abbildung 6: Power-BI Geoanalyse

14

7. Fazit

Zusammenfassend kann gesagt werden dass der gewählte Ansatz mehrere Nutzenaspekte für die Stars Cars AG stiftet. Zum einen kann die Stars Cars AG nach der Einrichtung des Data-Warehouse und der Dashboards genau feststellen, welche Niederlassung am Umsatzstärksten ist hinsichtlich der selbstdefinierter Kriterien etc.

Mit Features von Power-BI und Power Pivot erhalten Business Analysten die Möglichkeit, noch tiefer in bestehende Themengebiete einzusteigen, Abläufe zu hinterfragen, Prozesse zu optimieren und neue Erkenntnisse zu gewinnen. Die Business Intelligence-Lösung kann auch Geodaten und unstrukturierten Daten integrieren.

Mit Hilfe von Ad-hoc-Analysen kann die Stars Cars AG zügiger auf das Kundenverhalten reagieren und dementsprechend zeitnah ihre Handlungs-Maßnahmen anpassen. Dadurch können Zahlungsströme flexibler gesteuert und neue Potenziale schneller erkannt werden.

Die Probleme welche bereits beschrieben wurden können durch das vorliegende BI-Konzept gelöst werden. Das Nutzerverhalten kann durch die BI-Lösung analysiert und visualisiert werden. Außerdem können Produkte, die am meisten verkauft wurden, nach verschiedensten Dimensionskriterien analysiert werden. Des Weiteren können auch Retouren ausgewertet werden. Aus den Erkenntnissen der Auswertung können neue Handlungsmaßnahmen abgeleitet werden um wettbewerbsfähig zu bleiben. Außerdem können die Prozesse in Bezug auf Kaufprozess, After-Sales etc. optimiert werden.

Außerdem bietet Power-BI und Power Pivot die Möglichkeit der mobilen Datenanalyse an. Dies erlaubt es den Führungskräften ortsunabhängig Analysen durchzuführen. Abschließend ist zu sagen, dass der hier dargelegten Ansatz, einen Weg zeigt, wie die Methoden von BI in das operative Geschäft eines Automobilzulieferers implementiert werden kann.

Literatur und Quellenverzeichnis

Ariyachandra, T., & Watson, H. J. (2006). Which data warehouse architecture is most successful?. *Business Intelligence Journal*, *11*(1), 4.

Abts, Dietmar & Mülder, Wilhelm 2009. *Masterkurs Wirtschaftsinformatik: Kompakt, praxisnah, verständlich - 12 Lern- und Arbeitsmodule.* Springer-Verlag.

Bachmann, Kemper (2011): Raus aus der BI-Falle - Wie Business Intelligence zum Erfolg wird, Heidelberg 2011

Devlin, B., & Cote, L. D. (1996). *Data warehouse: from architecture to implementation.* Addison-Wesley Longman Publishing Co., Inc..

Harinath, S., Pihlgren, R., & Lee, D. G. Y. (2010). *Professional Microsoft PowerPivot for Excel and SharePoint.* Wrox Press Ltd..

Hochschule der Medien 2016. *Modul Business Intelligence - Hochschule der Medien (HdM).* https://www.hdm-stuttgart.de/studieninteressierte/master/block?sgname=Wirtschaftsinformatik+%28Master%29&sgblockID=2572287&sgang=550059&blockname=Business+Intelligence [Stand 2017-02-20].

Jung, R., & Winter, R. (2000). Data Warehousing: Nutzungsaspekte, Referenzarchitektur und Vorgehensmodell. In *Data Warehousing Strategie* (pp. 3-20). Springer Berlin Heidelberg.

Kimball, R., & Ross, M. (2011). *The data warehouse toolkit: the complete guide to dimensional modeling.* John Wiley & Sons.

Mistry, R., & Misner, S. (2014). *Introducing Microsoft SQL Server 2014.* Microsoft Press.

Serra, James 2013. Why You Need a Data Warehouse James Serra's Blog. http://www.jamesserra.com/archive/2013/07/why-you-need-a-data-warehouse/ [Stand 2017-02-25].

Sen, A., & Sinha, A. P. (2005). A comparison of data warehousing methodologies. *Communications of the ACM*, *48*(3), 79-84.